Fleurs des Champs

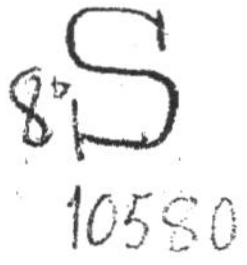

MARCEL CHARLOT

Fleurs des Champs

20 ILLUSTRATIONS DE **FRAIPONT**

GRAVÉES SUR BOIS PAR LEMOINE

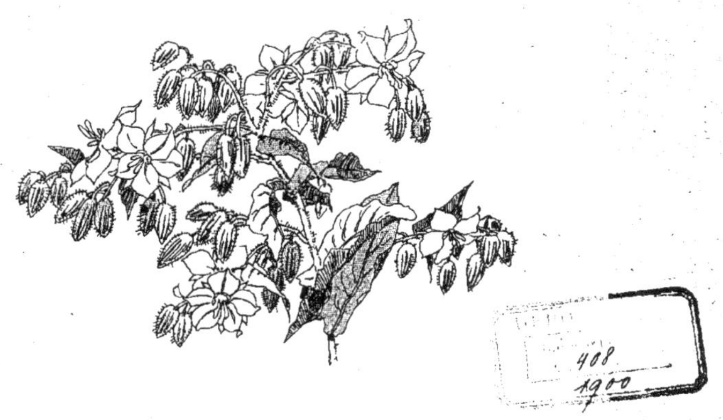

PARIS

Librairie CHARLES TALLANDIER

4, RUE CASSETTE, 4

Maison à Lille : 11-13, rue Faidherbe

Au printemps de 1713, le ministre luthérien du village de Roeshult, en Suède, de retour à son logis après une absence de quatre jours, pendant laquelle il avait laissé son fils Charles, enfant de sept ans, maître de la maison, n'eut rien de plus pressé que de se diriger vers le jardin à la culture duquel il consacrait ses heures de loisir. Dès son premier pas, il s'arrêta consterné : au milieu de ses plates-bandes étaient installées, à la place des fleurs, naguère sa joie et son orgueil, des Pâquerettes, des Boutons d'or, des Primevères et autres espèces sauvages. Il n'eut pas de peine à deviner quel était le coupable; l'enfant, de son côté, reconnaissait, un peu tard, que l'auteur de ses jours était loin de partager ses prédilections pour la flore champêtre. Mis à l'école, il la fréquenta beaucoup moins assidûment que les bois des environs ; ni les réprimandes, ni la férule ne pouvaient triompher de sa passion. Quand il eut quinze ans, le père, désespérant d'en rien faire de bon, le plaça comme apprenti chez un cordonnier qui, bientôt, las de ses escapades, le renvoya, en le traitant de fainéant et de vaurien. Ce fut le coup de grâce ; le père jeta son fils à la porte. Qu'allait devenir ce malheureux, sans argent, sans métier ? Pour répondre à cette question, il suffit de citer le nom de Charles Linné. L'enfant terrible, l'écolier réfractaire, l'apprenti vagabond, était destiné, après avoir, il est vrai, connu bien des misères, à devenir le réformateur, ou plutôt le créateur de la botanique. Ces entraînements irrésistibles vers l'école buissonnière, ce dédain instinctif pour les fleurs des parterres, les fleurs doubles, monstres désavoués par la nature, n'étaient que les signes méconnus d'une vocation étonnamment précoce.

Ce petit livre, par le choix des plantes qui y figurent, rappelle assez le jardin si malencontreusement improvisé par le jeune Linné, et notre gerbe, uniquement glanée dans la menue plèbe des plantes venues sans culture, contraste singulièrement avec la fastueuse guirlande de Julie, cet aristocratique album, composé par les soins du duc de Montausier, pour être offert en hommage à Mlle de Rambouillet. Certes, la dernière idée qui aurait pu germer dans la tête du noble éditeur eût été d'admettre comme motifs d'illustrations et matière à gracieux madrigaux la Cardère, le Bouillon blanc, la Bardane, la Chico-

rée, des plantes campagnardes, de mauvaises herbes.

Le naturaliste ne connaît pas ces dédains; pour lui, il n'existe pas de mauvaises herbes, pas d'abrisseaux indignes d'intérêt, pas de plantes auxquelles il soit tenté d'adresser le mot du Chêne au Roseau:

« La nature envers vous me semble bien injuste. »

Il embrasse dans une commune admiration le règne végétal tout entier, dont il n'est pas un représentant qui n'ait à lui révéler quelque secret sur sa vie, la disposition et le jeu de ses organes; c'est un peuple immense dont il ne croit jamais trop complètement connaître les lois dans leur ensemble et dans le détail de leur application. La naissance, le développement, la mort d'une mousse, d'un lichen, d'un champignon, sont des mystères tout aussi irritants pour lui que s'il s'agissait d'un chêne ou d'un cèdre, et telle est la sublimité de la science, qu'en abaissant ses regards vers le sol, il déploie la même puissance de pensée que l'astronome qui, abîmé dans la contemplation du ciel, calcule les mouvements des mondes roulant à travers les espaces infinis.

On ne prétend pas ici à d'aussi hautes visées; un naturaliste ne s'improvise pas en quelques heures; et quand une vie suffit à peine à faire un savant, la plus grande marque de respect que nous puissions donner à la science est de ne pas nous ériger en prétendu vulgarisateur. Nos quelques pages de libre causerie ne sont qu'un éveil à la curiosité, une sorte de mise en goût préliminaire.

Jusqu'ici les poètes et les artistes n'ont guère porté leurs regards au-delà d'un groupe de fleurs consacrées par la tradition; il n'y a rien de paradoxal à penser que ce groupe pourrait être élargi et qu'il serait temps de sortir des admirations convenues; nous voudrions que notre plume, associée au crayon d'un éminent dessinateur, amenât à nos plébéiennes amies des visiteurs disposés à les voir sans prévention, sous le jour et dans le cadre qui leur conviennent. Que ce ne soit pas pour elles un motif de disgrâce que d'être restées fidèles à leur habitat primitif et de s'être dérobées aux soins meurtriers des agriculteurs. Aux fleurs civilisées les hommes, depuis des siècles, ont attaché une valeur symbolique, prêté un langage d'une mièvrerie quelque peu ridicule, leurs sœurs des champs, ont, pour évoquer un monde d'idées et de sentiments, mieux que de banales devises; elles ont l'éloquence muette, l'éloquence de la nature.

LE MUGUET

Un poète s'est plu à comparer les premières fleurs de l'année aux œuvres des peintres primitifs qui nous charment par la naïveté ingénue de leur dessin et la timide sobriété de leur coloris ; la nature, en effet, ne déploie que graduellement les richesses de ses formes et les ressources de sa palette ; elle réserve ses parures de gala pour les longues journées de juin. Le blanc pur, ou légèrement teinté de rose, et le jaune, sont sa livrée de mai ; ses débuts sont des bals blancs, dont toute couleur voyante est exclue. Pommiers, Poiriers, Aubépines, poudrés à frimas, ouvrent la série des fêtes ; c'est alors que, dans les bois et les prés, le Muguet se met en frais de coquetterie ; tout parfumé, il frissonne au moindre souffle, et agite les grelots suspendus à sa frêle tige comme des pendants d'oreille.

Le Muguet de mai, plante herbacée, a, outre ses racines, une longue souche souterraine, ou rhizome, d'où se détachent deux feuilles ovales, lancéolées, formant une sorte de cornet, du fond duquel sort la hampe chargée de ses clochettes, penchées toutes d'un seul côté. Celles-ci présentent six dents rejetées en dehors et six étamines fixées à leur base. Le fruit est une jolie baie rouge, qui n'est nullement comestible.

Du reste, il ne faut s'en rapporter ni à ses yeux ni même à son palais, pour juger qu'une baie peut être mangée; J.-J. Rousseau, à qui les plantes n'inspiraient pas les mêmes défiances que ses semblables, soutenait qu'aucun produit naturel agréable au goût ne pouvait nuire au corps. Un jour cependant, s'étant laissé tenter par les fruits d'un arbrisseau épineux, il en avait déjà picoré près d'une vingtaine lorsqu'on le prévint qu'il était en train de s'empoisonner; il avoue n'avoir pas été sans inquiétude et s'être un peu écouté le reste de la journée.

Ce qui lui déplaisait le plus, c'était de voir sa chère botanique presque complètement confisquée

LE MUGUET

par les médecins et les apothicaires; pour lui, c'était profanation de demander aux plantes des baumes, des emplâtres, des remèdes de toute sorte; il avait raison, certainement, de vouloir que les végétaux fussent aussi étudiés pour eux-mêmes, mais s'il est juste de leur témoigner une admiration désintéressée, n'est-ce pas leur faire tort que ne pas tenir compte de leurs droits à notre reconnaissance?

En dépit de Jean-Jacques, il nous reste donc à dire que la fleur du Muguet pulvérisée produit les effets du tabac à priser, que sa racine réunit les propriétés du ricin et de l'émétique, et qu'elle a même passé pour conjurer les attaques d'épilepsie. Est-ce dépoétiser une plante que de la montrer secourable pour nos infirmités?

LE CHÈVREFEUILLE

Le Chèvrefeuille, abrisseau qui grimpe comme une chèvre, porte des rameaux rougeâtres, dont les feuilles lancéolées sont attachées à des pétioles très courts ; ses fleurs odorantes, d'un blanc jaunâtre, rougeâtre en dehors, réunies en capitules, avec leur corolle en tube bordée de cinq lobes formant deux lèvres, sont, de juin à septembre, le gracieux ornement de nos bois et de nos haies. Le nom vulgaire du Chèvrefeuille, *Broute-biquette*, devait ravir La Fontaine plus que Boileau qui a, cependant, accordé au Chèvrefeuille l'honneur de figurer dans l'épître « à Mon Jardinier » et de rimer avec Auteuil, en dépit du dictionnaire de l'Académie.

Du reste, le Chèvrefeuille du satirique n'était pas le broute-biquette ou Chèvrefeuille des bois, mais celui des jardins, à feuilles elliptiques, luisantes et s'élargissant à la partie supérieure de l'arbuste, dont la fleur a une nuance pourprée. Mais c'est dans la forêt que le promeneur doit aller cueillir le Chèvrefeuille; c'est là que les plantes sont pour lui le dictame par excellence. Lorsqu'au soir d'une longue excursion, il en rapporte au logis une pleine brassée, sa gerbe recèle une fleur invisible, celle à la conquête de laquelle un vieux médecin envoyait un écolier convalescent : la fleur de santé. « Pour qu'elle te guérisse, disait le praticien, nul que toi ne doit la découvrir, nul que toi ne doit la cueillir; va la demander soit à la colline, soit au vallon, soit à la forêt, soit à la plaine. » Au bout d'une quinzaine, l'enfant, désolé, la déclarait introuvable; le vieillard le conduisit devant une glace et lui montrant sa joue colorée, ses lèvres roses, dit avec un sourire : « Tiens ! la voilà, épanouie sur ton visage. » Le grand air et l'exercice avaient opéré la cure.

Diderot, dans son *Voyage à Bourbonne*, attribue les mêmes effets aux voyages, et conte l'anecdote suivante : Un Anglais hypocondriaque s'étant adressé au docteur Mead, homme d'esprit et célèbre médecin de son pays, le docteur lui dit : « Je ne puis

LE CHÈVREFEUILLE

rien pour vous, et le seul homme capable de vous soulager est bien loin. — Où est-il? — A Moscou. » Le malade part pour Moscou, mais il était précédé d'une lettre du docteur Mead. Arrivé à Moscou, on lui apprend que l'homme qu'il cherche s'en est allé à Rome. Le malade part pour Rome, d'où on l'envoie à Paris, d'où on l'envoie à Vienne, d'où on l'envoie je ne sais où, d'où on l'envoie à Londres, où il arrive guéri. Mais il n'est pas nécessaire de courir si loin à la poursuite de la distraction et de la santé; pour qui préfère borner ses voyages aux rives prochaines, les saines fatigues de quelques courses botaniques seront un élixir de longue vie.

LE GRAND LISERON

Le Grand Liseron, *Liseron des haies* ou *Manchette de la Vierge*, forme, avec le Liseron des champs à fleur rosée, avec la Belle de jour (Convolvulus tricolore du Midi), avec le Volubilis bleu des jardins et quelques autres espèces, le genre Convolvulus, reconnaissable à ses fleurs en clochette. Sa tige, haute de un ou deux mètres et plus, porte de grandes feuilles taillées en flèches et s'enroule autour des buissons, sur la verdure desquels se détache sa coquette fleur blanche, emboîtée à sa base dans une verte collerette. La capsule de son fruit est divisée en deux logettes, contenant chacune deux graines.

Le Liseron est à peu près sûr de vivre en paix sur le tuteur qu'il s'est donné, parce que sa fleur, au réveil tardif, dure à peine quelques heures et que sa tige grêle ne permet guère de l'utiliser dans un bouquet; en revanche, il brille au premier rang de nos anthologies poétiques. Le gracieux conte qu'il a inspiré à François Coppée dans ses *Récits et Elégies*, est-il l'écho d'une légende ancienne ou le poète l'a-t-il tiré tout entier de son imagination? Quoi qu'il en soit, même résumé en simple prose, il conserve encore de son charme :

Au XVIe siècle, à l'époque où la Bohême était en proie à toutes les fureurs des guerres religieuses, Procope le Tondu, chef de l'armée hussite, saccageait sans pitié églises et couvents, égorgeait prêtres et moines, n'épargnant même pas les religieuses; à son approche, les sanctuaires étaient désertés, les routes se couvraient de fuyards. Un soir, arrivé devant l'antique monastère que gouverne la pieuse abbesse Thécla, il s'arrête, saisi d'étonnement et aussi d'admiration, car il se connaît du moins en courage : la porte du cloître est grande ouverte et dans la chapelle, également ouverte, la supérieure et ses nonnes, prêtes au martyre, entourent l'autel éclairé de ses cierges et psalmodient l'office des morts. Pour la première fois, Procope se sent faiblir. Commander le massacre est une lâcheté qui lui répugne; refuser

LE GRAND LISERON

leur proie aux bourreaux qui déjà murmurent, c'est presque trahir sa cause. Enfin, tirant son épée, il la plante en terre et jure de faire grâce si l'estoc fleurit pendant la nuit. L'aube venue, il sort de sa tente ; la porte est restée ouverte ; les chants n'ont pas cessé ; il va droit à son épée ; montant autour de la lame, un Liseron y a enroulé sa délicate spirale ; à cette vue, immobile et pensif devant la fleur, il prend son parti, élève la voix, demande une autre épée et donne le signal du départ.

« *La fleur avait sauvé la sainte.* »

LE BOUTON D'OR

Le Bouton d'or se rattache au genre Renoncule, dans lequel il figure sous le nom de *Renoncule âcre ;* on l'appelle encore *Bassinet* ou *clair bassin*, à cause de l'éclat métallique de sa jolie fleur, semblable à un petit bassin d'or poli. Mais gentillesse, chez lui, n'est pas synonyme de bonté; le Bouton d'or a de commun avec toute la race des Renoncules d'être une plante malfaisante au premier chef; s'il transforme en un tapis éblouissant les prairies humides où il foisonne, c'est pour les empoisonner.

Alphonse Karr, qui feint d'ignorer l'importance de la nomenclature scientifique, sans laquelle la botanique ne serait que confusion, accuse les savants de n'avoir changé le nom populaire des fleurs que pour les injurier en latin. Cependant les injures, quand elles sont méritées, ne leur sont pas ménagées, même en excellent français; les noms de *Renoncule scélérate*, d'*Herbe sardonique*, de *Mort des vaches*, sont-ils des termes d'amitié? C'est, de plus, une mauvaise chicane que de critiquer l'application à tout le genre du nom de Renoncule, qui signifie petite grenouille, un petit nombre d'espèces seulement étant aquatiques; ce mot n'est que la traduction littérale du nom de « grenouillette », créé par le peuple.

Lorsque les Boutons d'or ont envahi un pâturage, malheur aux bêtes qu'on a l'imprudence d'y conduire! Comment le triage leur sera-t-il possible, en dépit de l'instinct, qui leur permet de reconnaître les aliments dangereux? C'est pitié de voir un doux et puissant animal, qui arrivait le matin brillant de santé, tomber sur le sol, terrassé, haletant, l'œil éteint et mourir avant le soir. A ce spectacle, on comprend l'émotion de Virgile, lorsqu'il décrit dans les Géorgiques l'épizootie qui, de son temps, dépeupla les pacages alpestres : « Voici que le taureau, fumant sous le joug de la lourde charrue, tombe, vomit un sang mêlé d'écume et pousse ses gémissements d'agonie; le laboureur s'éloigne consterné;

LE BOUTON D'OR

après avoir dételé l'autre taureau, affligé de la mort de son frère. »

En regard de ces crimes ne se place, pour le Bouton d'or, aucun des services que rendent ses sœurs en empoisonnement : la Digitale et la Belladone ; ses propriétés vésicantes n'ont qu'un emploi inavoué : d'affreux mendiants l'appliquent sur leur épiderme pour y produire des plaies artificielles, destinées à apitoyer les bonnes âmes par l'étalage dégoûtant de faux ulcères. Il était d'un usage courant dans les vieilles cours des miracles. Rien ne lui manque donc pour porter dans nos jardins botaniques l'étiquette infamante destinée, par sa couleur spéciale, à signaler les plantes haïssables en dépit de leur beauté.

LE COQUELICOT

Un sillon ne doit donner que du blé et de l'avoine, une prairie que du foin; les fleurs n'ont pas leur raison d'être; il faut, à tout prix, que la chimie invente un moyen de les exterminer: voilà le langage du propriétaire avide. Voici celui de la fleur des champs :

Que quelque vieux savant nous fasse disparaître,
Rien ne tranchera plus sur l'uniformité
Des champs, verts au printemps et jaunes en été.
Et quel mortel ennui le jour où la tunique
De la terre sera d'une couleur unique!
Les épis, tous pareils, sont un fond de décor :
Et nous, avec nos tons d'azur, de pourpre et d'or,
Nous faisons de la plaine un tableau qui chatoie.
Le grain n'est que la vie, et nous sommes la joie.

(Louis Legendre.)

Faire disparaître le Coquelicot, cette fleur qui allie

sa pourpre à l'argent des Marguerites et à l'azur des Bleuets pour pavoiser nos campagnes aux couleurs nationales ! La nature s'y oppose et elle emmagasine, dans le fruit d'un seul Coquelicot, assez de milliers de graines pour que, si toute semence levait, le monde soit, en peu d'années, envahi par la postérité d'un seul pied. Le Coquelicot ou Pavot des moissons, est d'ailleurs une jolie plante, avec sa tige mince et flexible, ses feuilles d'un vert glauque, bien découpées, la corolle et les nombreuses étamines de sa fleur éblouissante.

Les quatre pétales de cette corolle, logées à l'étroit dans le bouton formé par les deux parois du calice, le font éclater et s'en échappent, chiffonnés comme les ailes du papillon sortant de sa chrysalide, mais bientôt elles se déplient et flottent au moindre souffle.

Le Coquelicot, image de la jeunesse, n'a pas la raideur empesée des graves personnages; il garde toujours des allures de gamin et certain débraillé ; son nom même a l'air d'un sobriquet; séchée, la capsule de son fruit semble un hochet où bruissent les graines quand on l'agite; sous les rebords du couvercle, strié de huit rainures, qui la ferme,

LE COQUELICOT

s'ouvrent autant de trous par lesquels la semence, une fois mûre, se répandra sur le sol.

Le Coquelicot contient, mais en faible dose, les mêmes substances que le grand Pavot cultivé ; sa tige, et surtout sa coque, recèlent le suc laiteux de l'opium et ses graines une huile comestible. Mais on n'exploite que le Pavot, et même les pastilles de Coquelicot, vendues aux personnes enrhumées, n'ont probablement de lui que le nom et la couleur. L'huile d'œillette est l'huile produite par le Pavot appelé œillette, probablement par corruption du mot huilette. Quant à l'opium, aussi bienfaisant lorsqu'il est administré comme calmant et narcotique, que funeste lorsque les fumeurs Orientaux lui demandent une ivresse abrutissante et meurtrière, il ne se récolte qu'aux Indes et les Anglais ont maintenu, à coups de canon, leur droit d'en empoisonner la Chine : le crime de lèse-humanité est, pour la conscience britannique, une simple opération commerciale.

LA PRIMEVÈRE

La Primevère est une des fleurs qui ont le plus de hâte de s'épanouir au printemps ; aussi en est-elle, pour ainsi dire, le symbole, puisque son nom désigne encore, en Italie, les premiers jours de cette saison, et qu'il a même eu ce sens dans le vieux français. Des nombreuses espèces de Primevères, quelques-unes figurent avec honneur dans nos jardins. Mais la plus répandue est celle qui émaille nos bois et nos prés dès le retour du beau temps et que le peuple nomme *Coucou*.

En même temps que fleurit la Primevère, reparaît le coucou, l'oiseau printanier qui répète obstinément son étrange appel : Coucou ! coucou ! Du reste, plus il le fera entendre aux jeunes garçons, plus il en sera remercié, puisque, d'après un préjugé villageois, il leur prédit ainsi le nombre des années qu'ils doivent passer sur terre. Les jeunes filles, au contraire, lui imposeraient volontiers silence, car elles auront à attendre un épouseur pendant autant d'années qu'il aura de fois poussé son cri. Les moins crédules l'accusent seulement de se moquer d'eux et de les défier au jeu de cache-cache.

Quant à la plante, son homonyme, il n'y a à en dire que du bien. Ses feuilles, rugueuses en dessus, couvertes de poils en dessous, partent toutes de sa racine ; ses fleurs, disposées en ombelles ou ombrelles et d'un jaune assez pâle, mais très lumineux, sont du plus charmant effet sur le gazon renaissant et encore dans sa première fraîcheur. Leur calice est un petit cornet découpé de cinq échancrures, leur corolle une coupe ou un gracieux entonnoir à cinq divisions et renfermant aussi cinq étamines. La Primevère est, par-dessus tout, une fleur gaie que garçons et fillettes vont cueillir en troupe joyeuse. Ovide nous représente Proserpine au milieu de ses nymphes, occupée à cueillir des fleurs dans la prairie d'Enna, lorsque Pluton vient la ravir pour remplacer son diadème de fleurs par une couronne peu désirable, celle des Enfers. Cette scène gracieuse, moins

LA PRIMEVÈRE

l'enlèvement, se renouvelle à chacun de nos printemps; il ne manque que des poètes pour la chanter ou des peintres pour la reproduire.

L'une des récréations chères aux fillettes est d'emboîter l'une dans l'autre les corolles du Coucou et de s'en composer des couronnes, des colliers, des bracelets, bijoux éphémères mais charmants; les friandes n'oublient pas non plus de sucer les corolles du Coucou, pour se régaler de la liqueur sucrée ou nectar, qui en humecte le cœur. Elles se rendent, en cela, coupables de larcin envers les abeilles qui voltigent, fort dépitées, autour de cet essaim, rival du leur; l'Acacia, le Chèvrefeuille et mainte autre espèce, distillent ce nectar, qu'elles connaissent si bien.

Un de nos vieux poètes disait :

Tant com' gemme surmonte voirre
Or et argent la primevoire.

« Autant la pierre précieuse l'emporte sur le verre, autant, sur l'or et l'argent, l'emporte la Primevère. »

Le poète Saint-Lambert, qui fait à tort Primevère du masculin, l'appelle l'odorant coucou; il exhale, en effet, un parfum délicat que l'on a accusé, à tort, de donner la fièvre : il ne faut attribuer ce léger malaise qu'au premier soleil de l'année, et, au contraire, une infusion de fleurs de Coucou en sera le remède. En parlant de la fleur du Coucou, on n'a pas tout dit à son honneur : son fruit s'arrondit en une jolie capsule, véritable ouvrage de fée, petite urne à rendre jaloux nos plus habiles orfèvres ; si elle était moins microscopique, elle ferait un délicieux bibelot d'étagère.

LE GENÊT A BALAI

Les genêts, doucement balancés par la brise
Sur les vastes plateaux font une houle d'or,
Et, tandis que le pâtre à leur ombre s'endort,
Son troupeau va broutant cette fleur qui le grise,

. . . .

Cette fleur toute d'or, de lumière et de soie
En papillons posée au bout des brins menus.

(François Fabié).

Voilà le Genêt peint d'après nature, avec sa fleur qui le range dans la famille des Papilionacées; sa corolle, à folioles inégales, figure en effet un papillon aux ailes étendues ou rappelle encore une chaloupe parée de sa voilure; le pétale supérieur est l'étendard ; sous lui se déploient les deux ailes ou voiles; les deux pétales inférieurs sont la carène; le pistil est comme une feuille repliée dans sa longueur et, en mûrissant, devient une gousse qui, une fois sèche, se contourne, éclate et lance assez loin de l'arbuste les graines destinées à le multiplier. Le Genêt est, avec la Bruyère rose et l'Ajonc, aux fleurs jaunes comme les siennes, la parure de la lande bretonne et de toutes nos terres en friche; il n'est guère de poète qu'il n'ait inspiré, qui ne se dise enivré de son âcre parfum, en réalité peu sensible. Sa tige se divise, dès sa base, en rameaux effilés, raides, anguleux, au maigre feuillage d'un vert grisâtre.

Dans les pays, souvent misérables, où pullulent les Genêts, ils rendent une foule de services : on en fait des bourrées pour chauffer le four, des liens, des claies; ils remplacent le chaume comme toiture, et le charbonnier, dans ses campements au milieu des bois, n'emploie guère d'autres matériaux pour s'improviser une hutte; ils fournissent aussi une bonne litière au bétail, mais c'est l'abeille, surtout, qui fête leurs fleurs. En culture, leurs cendres sont un bon amendement; leurs racines fixent, sur le versant des coteaux, la terre végétale qu'entraînerait la pluie. On pourrait encore tirer de leurs tiges une matière textile et de leurs fleurs une belle teinture jaune pour la soie, mais la chimie produit aujourd'hui presque toutes les substances tinctoriales sans recourir aux

LE GENÊT A BALAI

végétaux : la Garance, les Pastels, le Nopal de la Cochenille, sont supplantés par des couleurs minérales.

Un des rôles les plus respectables que joue le Genêt à balai est celui qu'indique son surnom : il procure au logis du pauvre son seul luxe : la propreté. Le séjour des palais lui a certes fait moins d'honneur pendant les quatre siècles (1154-1585) qui ont vu se succéder sur la terre d'Angleterre les descendants de Geoffroy Plantagenet, comte d'Anjou, ainsi surnommé, dit-on, parce qu'il portait sur sa toque un rameau de Genêt. Sans parler des malheurs que la guerre de Cent ans a déchaînés sur notre France, Shakespeare n'a eu qu'à puiser dans l'histoire des Plantagenets pour mettre sur la scène des monstres tels que le génie d'un poète n'eût pas suffi pour en concevoir d'aussi abominables.

LA REINE DES PRÉS

Lorsque Buffon, avec ses préjugés de bourgeois anobli et son culte pour la hiérarchie sociale, assignait des rangs aux animaux et leur donnait, comme le fabuliste, le lion pour roi, son collaborateur, le modeste Daubenton, ne pouvait s'empêcher de protester et de déclarer qu'il n'y avait pas de rois dans la nature. Mais une souveraineté qui sûrement ne le scandalisait pas, est celle que les campagnards ont décernée à la Spirée ulmaire, saluée par eux du titre de « Reine des Prés ». Elle ne doit sa couronne qu'à sa grâce, à sa sveltesse, à son parfum. Elle appartient à la famille des Rosacées, elle est donc parente de l'Églantine ; sa tige élancée, souvent haute de plus d'un mètre, porte des feuilles à folioles larges, ovales, dentées, entremêlées de plus petites; elle se couronne de fleurettes minuscules, dont les bouquets aussi blancs que la neige, aussi fins que le plus soyeux duvet, s'étalent en corymbe, c'est-à-dire que les fleurs s'épanouissent toutes au même niveau.

Sa place d'élection est la rive humide des clairs ruisseaux, la bordure des étangs; elle tient sa cour en juillet, à l'abri des ardeurs caniculaires, sous les Aulnes, les Saules et les mille arbustes qui lui font un dais de verdure; c'est le paradis des botanistes et des chasseurs d'insectes, leur refuge lorsqu'ils fuient le coteau nu et la plaine sans abri. Mais, pour voir la Reine des Prés dans toute sa gloire, pour avoir la primeur de son parfum, il faut la surprendre à son réveil, à demi noyée dans les brumes argentées du matin, du milieu desquelles émergent peu à peu ses panaches vaporeux et son verdoyant feuillage, secouant, avec un reste de sommeil, les perles de la rosée. Le pêcheur à la ligne a déjà choisi son poste; les grenouilles, rassurées par son immobilité, ont repris leur coassement; leur chœur devient de plus en plus assourdissant, mais à en croire Aristophane, elles sont grandes admiratrices de la nature et voici, traduit par le poète

LA REINE DES PRÉS

en langage humain, l'aubade dont elles la saluent et qui charme sans doute la Reine des Prés :

« Brékekekek, coax, coax. Humides enfants des marécages, que notre voix harmonieuse unisse ses hymnes aux accents de la flûte ; coax, coax, répétons ces chants que nous entonnons en l'honneur de Bacchus. Brékekekek, coax, coax. Nous sommes chéries des muses à la lyre mélodieuse, et de Pan aux pieds de chèvre, qui tire de si doux sons du chalumeau. Nous faisons les délices d'Apollon, le dieu de la cithare. Dans le marécage croît le roseau, qui sert de chevalet à la lyre. Coax, coax. Les jours de beau soleil, nous nous plaisons à sautiller dans le souchet et le lotus et à chanter tout en nageant, et quand Jupiter verse la pluie, du fond de nos demeures nous unissons au bruissement des gouttes notre brékekekek, coax, coax. »

LA CHICORÉE SAUVAGE

La Chicorée sauvage, qui croît en été dans les plus mauvais sols, peut, grâce à sa racine pivotante, y trouver sa nourriture et y braver la sécheresse; ses fleurs sont composées de languettes d'un beau bleu, rarement blanches ou rosées; ses feuilles, dont les nervures se hérissent de poils dans le voisinage de la racine, deviennent plus petites sur la tige; inégalement découpées et remarquables par l'élégance de leurs capricieuses dentelures, elles ont tellement séduit les sculpteurs du xve siècle, qu'ils en ont fait le principal motif de leur décoration monumentale, et Victor Hugo, pour caractériser le style de cette époque, emploie l'expression d'« architecture chicorée ».

Du reste, de combien d'inspirations les artistes

ne sont-ils pas redevables au règne végétal ! Témoin l'invention de l'ordre corinthien, que les Grecs expliquaient par une touchante légende : une jeune Corinthienne étant morte, sa nourrice avait déposé sur sa tombe une corbeille pleine des objets chers à l'enfant ; au printemps suivant, une acanthe ayant enveloppé la corbeille de son feuillage, le sculpteur Callimaque vit cette corbeille et la prit pour modèle du chapiteau corinthien.

La Chicorée est une de nos salades les plus saines et les plus goûtées et sa tisane est tonique et dépurative. Cependant, le 29 juin 1670, lorsque se répandit dans Saint-Cloud cette étonnante nouvelle : « Madame se meurt, Madame est morte », la catastrophe fut attribuée à un verre d'eau de chicorée à la glace bu par la princesse ; il est vrai qu'on soupçonna une main criminelle d'y avoir versé du poison, et un grand coupable put se murmurer le mot d'Agrippine : « Mille bruits en courent à ma honte. »

Le casier judiciaire de la Chicorée fait peser sur elle une autre charge, celle-là indéniable : le délit habituel d'usurpation de titre et de tromperie sur la nature de la marchandise vendue. Sa racine,

LA CHICORÉE SAUVAGE

calcinée et réduite en poudre, se pare déloyalement du nom de moka, s'introduit traîtreusement dans le café moulu et on nous en verse des infusions qui, par leur couleur et leur amertume, rappellent tant bien que mal le café, mais n'en ont ni l'arome ni les propriétés excitantes. C'est en Hollande et en Belgique que le café-chicorée a été, pour la première fois, mêlé au lait, vers le milieu du XVIIIe siècle; puis il a, de proche en proche, envahi la France et si bien perverti les palais qu'on a fini par l'aimer et que la majorité des ménagères s'en délectent à leur premier déjeuner; des goûts et des couleurs il ne faut pas disputer; mais lorsque les gourmets se voient réduits à boire une odieuse teinture tarifée au prix du café authentique, l'on ne saurait exiger d'eux la résignation de Socrate vidant la coupe de ciguë.

L'ÉGLANTINE

L'Églantier ou Rosier des chiens (Cynorrhodon) est un des principaux représentants du genre Rose. Arbrisseau de haute taille, armé d'aiguillons robustes, dilatés à leur base, il a pour feuillage des folioles ovales, dentées en scie ; ses fleurs, légèrement rosées et odorantes, comptent cinq pétales et de nombreuses étamines aux pistils saillant hors du calice. Il n'est guère admis dans les jardins que comme porte-greffe des mille variétés de rosiers que l'on écussonne sur sa tige : car nos Roses les plus parfumées ne sont que des fleurs parasites, nourries par l'arbuste rustique dont la sève se détournerait d'elles si le jardinier ne se hâtait de retrancher les pousses et rejets gourmands produits par le sauvageon, toujours prêt à s'affranchir de sa servitude. Ornement de nos bois au printemps, l'Églantine est la Rose de la nature. De tout temps elle fut en honneur : une Églantine d'argent est, avec la Violette, le Souci et l'Amarante, l'une des fleurs décernées en prix, le 1er mai, aux vainqueurs des jeux floraux institués à Toulouse en 1323. L'un des poètes lauréats de ce concours, le futur conventionnel Fabre d'Eglantine, qui monta sur l'échafaud le même jour que Danton et Camille Desmoulins, avait ajouté le nom de la fleur à celui de sa famille. Il est à croire que le nom rébarbatif de Cynorrhodon l'eût moins tenté.

C'est l'antiquité qui l'avait infligé au rosier sauvage sous prétexte que sa racine guérissait de la rage. D'après Pline le naturaliste, un soldat romain qui, à la suite d'une morsure, donnait déjà des signes d'hydrophobie, avait été le premier sauvé par une décoction de cette racine, grâce à un songe qui en avait révélé l'efficacité à sa mère. Une cure bien autrement miraculeuse est celle qu'un conte antique attribue à la Rose ; un philosophe trop curieux s'étant vu métamorphoser en âne, pour avoir voulu dérober les secrets d'une magicienne, et ayant couru mille aventures en qualité de quadrupède, ne reprend sa

L'ÉGLANTINE

première forme que le jour où il parvient à mettre une Rose sous sa dent.

Aujourd'hui le Cynorrhodon figure encore dans les officines des pharmaciens, mais ce n'est plus que pour ses propriétés astringentes. Dans quelques ménages, on fait, avec son fruit, une confiture qui tranche sur toutes les autres par sa couleur jaune-rouge et son goût spécial, mais c'est une œuvre de patience que de débarrasser la pulpe des poils piquants dont la graine est garnie. Aussi les rares maîtresses de maison qui ont ce courage, prononcent-elles avec une certaine solennité le docte nom de confiture de Cynorrhodon.

LA BOURRACHE

La Bourrache est en grand honneur comme médicament. Son nom vient directement du latin, mais un étymologiste, trouvant cette origine trop commune, a cru y reconnaître deux mots arabes qui signifient la mère de la sueur. Il est du moins incontestable que la fleur de Bourrache en décoction est un sudorifique d'une grande efficacité, qui a tiré d'affaire plus d'un malade gravement atteint. Avant la culture de la pomme de terre, — la plus grande préservatrice de la disette, — des malheureux ont été, plus d'une fois, réduits à se nourrir de Bourrache et même de feuilles de Pavot. Du reste, quelques riverains de la Méditerranée utilisent encore la Bourrache pour remplacer les épinards, et plusieurs personnes emploient sa fleur, comme celle de la Capucine, à décorer les salades.

Cette fleur se compose d'une petite étoile à cinq pointes, bleue, quelquefois rose ou blanche, au milieu de laquelle surgit un petit dôme, pointu lui-même, formé par des étamines noires d'un très joli effet. La tige, haute de cinq à dix décimètres, est hérissée de poils rudes et piquants, de même que les feuilles, dont la taille diminue à mesure qu'elles s'éloignent de la souche. Quoique la Bourrache pousse dans les terrains incultes et pierreux, elle se plaît beaucoup dans les jardins.

La famille des Borraginées est une des plus riches en plantes officinales ; ainsi, l'on compose des pilules calmantes avec la Cynoglosse, ou langue de chien, la Pulmonaire est bonne pour la poitrine, mais on a fait justice de la Vipérine, vulgairement : Herbe aux vipères, qui ne guérit pas plus de la morsure de serpents que le Passe-rage de celle des chiens enragés; pour tout mérite, elle a ses belles fleurs bleues, qui décorent les lieux arides; ne nous fions pas davantage au Bleuet ; malgré son nom populaire de casse-lunettes, il n'a jamais fait le moindre tort à l'industrie des opticiens. Pour en revenir à la

LA BOURRACHE

famille des Bourraches, à laquelle, n'oublions pas de le dire, n'appartiennent ni le Bleuet, ni le Passerage, elle ne relève pas tout entière de la Faculté ; on y rattache le Myosotis, qui ne remédie qu'au chagrin de l'absence et sert de cordial à l'amitié ; nul n'ignore la légende de cette chevrière suisse précipitée dans un torrent où elle est engloutie. Tenant à la main une fleur de Myosotis que lui avait donnée son fiancé, elle ne cessa de soupirer jusqu'au dernier moment : « Ne m'oublie pas ». La Bourrache a même un parent d'Amérique, l'Héliotrope du Pérou, depuis longtemps naturalisé dans nos jardins, tandis que l'Héliotrope de nos bois reste aux lieux où l'on ne réclame ni le cachet, ni le parfum exotiques.

LE MILLEPERTUIS

Lorsque vous placez un billet de banque entre vos yeux et la lumière, vous voyez se dessiner, dans le grain du papier, le filigrane marqué en traits plus clairs que le reste de la feuille, dans le but de faire distinguer le billet vrai du billet faux. Procédez de même pour le Millepertuis : sa petite feuille ovale, oblongue, ornée de points noirs, vous semblera piquetée, criblée de jours qui vous feront l'effet d'autant de coups d'épingle. C'est à cette particularité que la plante doit son nom de Millepertuis (en langage plus moderne : mille trous). En réalité, ce sont autant de glandes minuscules contenant, entre deux pellicules transparentes, une essence huileuse.

Cette plante herbacée, vivace, se trouve dans les

lieux secs et incultes ; ses rameaux, symétriquement distribués sur une mince tige, sont d'un effet très gracieux, mais sa plus belle parure consiste dans ses fleurs ; d'un jaune plus éclatant même que celui du Bouton d'or, elles comptent cinq pétales et trois faisceaux d'étamines soudées ensemble.

Si le Millepertuis porte ceinture dorée, il n'a pas moins bonne renommée ; l'huile résineuse de ses glandes a été regardée comme un topique souverain pour cicatriser les plaies, elle est entrée dans la composition de ces vulnéraires qui ont, il est vrai, presque tous perdu de leur faveur dès que le secret en a été éventé. Le baume de « fier à bras », grâce auquel Don Quichotte, après avoir été si cruellement meurtri dans sa lutte contre les moulins à vent, put reprendre le cours de ses exploits, devait sûrement en contenir. C'est une bonne fortune pour un remède d'inspirer une foi aveugle et il l'inspire d'autant plus qu'on lui attribue des effets plus invraisemblables. Lorsque, dans le *Médecin malgré lui*, cette scélérate de Martine affirme que Sganarelle, grâce à un certain onguent qu'il sait faire, a si bien remis sur ses pieds un enfant tombé du haut d'un clocher que celui-ci a couru immédia-

LE MILLEPERTUIS

tement jouer à la fossette, le parterre trouve Valère et Lucas bien sots de la croire sur parole; et cependant, qui ne se laisse prendre aux boniments non moins effrontés de nos modernes vendeurs d'orviétan ?

Le Millepertuis a même passé pour bannir le démon du corps des possédés, c'est-à-dire pour guérir la folie ; il faut croire qu'Astolphe ignorait ce remède, puisqu'Arioste le représente enfourchant l'hippogriffe pour aller chercher dans la lune la bouteille où est enfermée la raison de son ami Roland rendu fou furieux par l'indifférence de la belle Angélique.

LA BRYONE

La grosse racine charnue, ventrue, de la Bryone a mérité le nom injurieux de *Navet du diable*. Mais, au-dessus du sol, la plante fait très bonne figure, quoique le campagnard, en l'appelant *Vigne du diable*, soupçonne Satan d'être aussi pour quelque chose dans l'exubérance de ses pousses désordonnées; ses allures serpentines lui ont fait appliquer également le titre de *Couleuvrée*.

Sa feuille large, d'un beau vert, découpée comme celle de la vigne, garde cependant, pour marque de sa parenté avec la famille des Cucurbitacées (melon, courge, etc.), la rudesse au toucher, aggravée par l'odeur désagréable qu'elle dégage lorsque la main la froisse. L'insignifiance de ses fleurs verdâtres et fort exiguës est compensée par la gentillesse de ses fruits qui, sans être comestibles, ressemblent à des groseilles et passent du vert au rouge, puis au violet foncé.

Les agronomes enveloppent la Bryone dans la même réprobation que la plupart des végétaux grimpants. Ce sont pour eux de vrais corsaires, ayant chacun leurs grapins d'abordage, leur système d'escalade; le Chèvrefeuille, par exemple, enserrant les jeunes tiges, s'incruste dans leur écorce; il est vrai que ses sarments, trop faibles, éclateront, lorsque le tuteur prendra de la force, mais une cicatrice circulaire restera comme stigmate de cette captivité passagère. Si le Lierre applique ses crampons à un bel arbre, il en fait, à la longue, mais presque infailliblement, un cadavre enseveli dans un linceul de végétation parasite. « Je meurs où je m'attache », lui fait-on dire; il serait plus exact de retourner la devise : là où il s'attache il apporte la mort. A la Bryone il faut des suspensions pour son encombrante floraison; dès qu'une branche se trouve à sa portée, elle la harponne et y fixe ses vrilles en spirale, vrais ressorts à boudin qui se tendent ou se détendent pour se prêter, par leur élasticité, au jeu des luxuriants panaches.

LA BRYONE

Ainsi, pour tout ce qui vit sur terre, la lutte est la loi de l'existence : la forêt elle-même est un champ de bataille où le triomphe appartient tantôt à la force, tantôt à la souplesse, mais où la mêlée est d'une sublime poésie. Pourquoi faut-il que le libre parcours en soit, d'année en année, plus inhospitalièrement refusé à l'inoffensif promeneur, qui se heurte contre des murs ou des barrières, s'arrête désappointé devant des écriteaux menaçants ou se voit traqué par un garde impitoyable? Les forêts de l'État elles-mêmes, qui devraient rester le domaine commun, sont confisquées par les locataires des chasses, autorisés en vertu d'un pacte abusif à détenir cette clé des champs et des bois, antique passe-partout naguère à la disposition de quiconque voulait s'enivrer d'air pur et de parfums sauvages.

LA CARDÈRE SAUVAGE

Combien de promeneurs, avisant dans un fossé un pied de Cardère sauvage, s'amusent à la décapiter sans même en savoir le nom? Cette plante mériterait cependant plus d'égards, ne fût-ce qu'à cause de son étroite parenté avec la Cardère à foulon. Elle est bisannuelle, s'élève sur une tige droite, raide, d'un mètre et plus, hérissée de courts aiguillons; ses feuilles sont, de même, aiguillonnées sur leur nervure centrale. Celles de la base, soudées ensemble, forment une sorte de cuvette où séjourne l'eau de pluie et qui a reçu le nom de Baignoire de Vénus. Ce réservoir est bien connu de la gent ailée, aussi la plante s'appelle-t-elle, dans le langage populaire : « Cabaret des oiseaux ». Les abeilles viennent également s'y désaltérer et les apiculteurs sèment quelquefois des Cardères dans le voisinage de leurs ruches pour que l'essaim trouve à sa portée des abreuvoirs naturels.

La floraison de la Cardère est celle des fleurs composées; elle consiste en fleurons tubulaires bleus, groupés sur une tête en forme d'œuf, et qui sont, en réalité, autant de fleurs distinctes; la floraison achevée, les fleurons se détachent et laissent vides les alvéoles qu'ils garnissaient autour du « capitule », nom technique de la petite tête qui, hérissée et présentant des rangées de cellules comme un rayon de mouches à miel, constitue le fruit.

Dans la Cardère à foulon, ou Chardon des bonnetiers, la tête a une importance industrielle considérable; ses paillettes raides et crochues, tandis que celles de la Cardère sauvage sont faibles et pliantes, en ont fait, de temps immémorial, le plus parfait instrument pour le cardage et le peignage des draps; elles n'ont qu'un inconvénient : le drap étant mouillé, pendant ce travail, les crochets s'amollissent et il faut remplacer les cardes et les faire sécher avant de les employer de nouveau; de là nécessité d'en avoir grande provision. On leur a bien substitué des cardes métalliques, mais les pointes

LA CARDÈRE SAUVAGE

de fil de fer qui garnissent celles-ci ne produisent pas le même effet. Aussi, dans les départements manufacturiers, continue-t-on à utiliser la Cardère, et son panicule, que l'ancienne corporation des drapiers avait fait figurer dans ses armoiries, s'acquitte toujours de sa tâche antique.

LE LAMIER BLANC

Les Labiées, ou fleurs en lèvres, ont leur corolle fendue de manière à simuler deux lèvres ouvertes, dont la supérieure, avec ses deux dentelures, s'arrondit comme un casque pour protéger quatre étamines inégales. Le Lamier blanc, plante de cette famille, sans avoir de parenté avec l'Ortie, une Urticée, lui ressemble à s'y méprendre; on l'a même appelée « Ortie blanche »; du moins l'on peut en manier la feuille sans éprouver le sentiment de brûlure que produit le contact de la feuille d'Ortie. Par malheur, comme pour donner raison à l'adage : « Qui se ressemble s'assemble », le Lamier et l'Ortie vivent volontiers côte à côte et leur fréquentation a cette conséquence que, de peur de mettre la main sur une Ortie en croyant cueillir un Lamier, on s'abstient.

C'est à ses fleurs blanches, étagées sur ses tiges par groupes de quatre à dix, qu'il sera aisé de le reconnaître. Mais le mois d'août est déjà avancé, les jours raccourcissent sensiblement lorsque le Lamier, avec ses allures de mauvaise herbe, borde de sa timide floraison le pied des murs ou le fond des fossés. Dans la prairie, fauchée depuis longtemps, dans les sillons hérissés de chaume, dans la forêt revêtant déjà ses teintes de l'arrière-saison, les fleurs se font de plus en plus rares et leurs nuances de plus en plus foncées.

L'homme des champs n'a pas besoin de calendrier pour reconnaître l'âge de l'année. Il peut, en guise de montre, consulter les plantes; à défaut du soleil, elles seront ses régulatrices depuis les premiers jours du printemps jusqu'aux approches de l'hiver. Chacune a son heure pour se réveiller, son heure pour rentrer dans le sommeil. Telle fleur plus matinale, devance l'aurore; telle autre, sans avoir des habitudes moins régulières, ne rouvre pas sa corolle avant que le soleil soit déjà haut sur l'horizon. Quelques-unes éprouvent même avant midi le besoin du repos, tandis que certaines de leurs voisines attendent la nuit pour rabattre

LE LAMIER BLANC

leurs pétioles et se replier sur elles-mêmes, et ne considèrent leur journée comme terminée que lorsque les étoiles, allumant leurs milliers de feux, ont fait du ciel un parterre d'étincelles. C'est ainsi que Linné a pu organiser dans un jardin ce qu'il appelait son horloge de Flore, une sorte de cadran terrestre où « l'heure en cercle promenée » était indiquée par des fleurs distribuées entre les rayons d'un cercle dans l'ordre où se succédaient leurs réveils et leurs assoupissements ; on voyait tour à tour apparaître le matin les toilettes de jour, le soir les toilettes de nuit. Elles lui servaient aussi de baromètre vivant et il réglait l'emploi de sa journée selon qu'elles hasardaient leur parure ou prenaient leurs précautions contre le vent et les averses ; Virgile tirait des présages moins certains du vol et du cri des oiseaux, auxquels, cependant, il attribuait une vraie divination.

LA BARDANE

La Bardane porte d'autres noms qui ne préviennent guère en sa faveur : *Bouillon noir*, *Glouteron*, *Herbe à teigneux*. Bardane vient de l'italien barda, qui signifie couverture de cheval et fait allusion à l'épaisseur de ses feuilles. Tous les terrains lui sont bons, et une fois qu'elle y a fait élection de domicile, on ne l'en déloge pas aisément; sa racine et sa tige ligneuse résistent énergiquement aux coups de bêche. Ses larges feuilles, bien découpées, ont des nervures et des ondulations très élégantes : elles sont, pour l'élève dessinateur un excellent sujet d'étude, et pour l'ornemaniste une source précieuse d'inspiration.

Sa fleur est une composée; comme celle de ses congénères, le Chardon et l'Artichaut, elle est la réunion de fleurs distinctes ou fleurons, reposant sur une base commune et, pour qui examine de près ces fleurons coiffant de leurs tubes violets une petite tête armée de crochets, ni l'ensemble, ni le détail, n'en sont déplaisants. Pour toute plante, d'ailleurs, la floraison représente la jeunesse ; elle la pare de cette beauté que chez une jeune fille, même peu favorisée de la nature, on appelle la beauté du diable.

Le rôle médical de la Bardane a été de quelque importance : ses feuilles, bouillies et appliquées en cataplasme sur les plaies, ont passé pour avoir la vertu de les assainir et d'empêcher la gangrène ; on les employait aussi contre les maladies du cuir chevelu. Mais ce qui lui a valu le plus de succès — succès de mauvais aloi — c'est son fruit en boule, tout bardé de crochets, vrai hérisson végétal, qui s'attache aux vêtements, ainsi qu'au poil des animaux, souvent fort en peine pour s'en débarrasser à l'aide de leurs pattes et de leurs dents. Certains garnements s'offrent le malin plaisir de jeter ces odieux « graterons » sur la tête ébouriffée de leurs camarades, d'où on ne peut guère les arracher qu'avec les cheveux eux-mêmes. Ce n'est pas pour être complice de ces jeux que la nature a pourvu le fruit de

LA BARDANE

la Bardane de ses grapins perfides; il faut reconnaître là un des procédés qu'elle emploie pour répandre les semences des végétaux; bêtes et gens jouent, bon gré, mal gré, un rôle dans la dissémination de la Bardane, dont il colportent ainsi les graines.

Autres végétaux, autres méthodes. Pour les baies et les fruits, les oiseaux s'acquittent des mêmes fonctions, car, s'ils en digèrent la pulpe, le pépin et le noyau traversent intacts leur tube digestif. Certaines plantes, comme la Chicorée et le Pissenlit, confient au vent leur graine munie d'aigrettes étoilées; celle de l'Érable et autres espèces est portée par de véritables ailerons. Le zéphir ou l'aquilon promène « de la forêt à la plaine, de la plaine au vallon », ces messagères de vie dont les colonies vont peupler la lande et le guéret, parer de verdure la roche inaccessible, la brèche du donjon démantelé; quelqu'une, comme la Picciola de Saintine, fleurira peut-être la fenêtre d'un cachot pour sauver un prisonnier du désespoir. Ainsi s'accomplit la destinée des êtres vivants; les jours de l'individu sont comptés, mais il se survit dans sa postérité et l'espèce se perpétuera de génération en génération.

L'ANGÉLIQUE

L'Angélique est une plante vivace, remarquable par la beauté de son port et qui croît dans les régions tempérées de l'Europe et de l'Asie. Elle appartient à la famille des Ombellifères, ou plantes dont les pédoncules se divisent en branches imitant la monture d'une ombrelle et portant chacune un pompon fleuri à son extrémité. Son feuillage est glauque ou violacé ; ses tiges cannelées, cylindriques, percées d'un canal intérieur, exhalent une odeur exquise. A ce parfum, à ses propriétés bienfaisantes, elle a dû d'être qualifiée d'Angélique. De même, Arioste, toujours en quête de noms appropriés au caractère de ses personnages, a, dans son *Roland furieux*, opposé la douce Angélique à ses héroïnes belliqueuses : les Bradamante et les Marphise.

L'Angélique est secourable aux mauvais estomacs, elle a même passé pour un remède contre les venins. Ses tiges fraîches, tantôt macérées, tantôt distillées dans l'eau-de-vie, avec addition de sucre, donnent des ratafias et des liqueurs. Associées à d'autres aromates, elles entrent dans la plupart de ces compositions alcooliques qui, sous le nom d'apéritifs, de digestifs, de cordiaux, d'élixirs de vie, de vulnéraires, produisent, par suite d'un usage quotidien, de si désastreux effets. L'eau-de-vie, connue depuis le XIIIe siècle, n'avait été longtemps considérée en France que comme un remède ; elle est devenue le plus meurtrier de nos poisons. Si c'est, comme on l'a dit, Catherine de Médicis qui a mis chez nous les liqueurs à la mode, la saint Barthélemy n'est pas le plus impardonnable de ses crimes. Pour la bonne renommée de l'Angélique, on voudrait qu'elle ne fût jamais entrée dans l'alambic d'un distillateur.

Les confiseurs, du moins, ne la font complice que d'un péché mignon : la gourmandise. Pour la confire, on la récolte avant que la maturité en ait rendu les fibres coriaces ; sous cette forme, elle inspirait un véritable culte à Mme de Sévigné, qui, voulant donner

L'ANGÉLIQUE

l'idée d'une personne adorable, parle d'elle en ces termes : « Votre fille est justement comme l'Angélique ; elle est parfaite, elle est singulière, elle est exquise ; ce qui m'en plaît par-dessus tout, c'est que son bon goût ne rappelle rien dont on se souvienne et qu'il ne ressemble à aucun autre goût que le sien. »

Les pâtissiers tirent grand parti de l'Angélique pour décorer et parfumer leurs gâteaux ; elle fait merveille dans le pain d'épice. Les confiseurs du département des Deux-Sèvres excellent à la préparer sous la forme de nœuds, de faisceaux, de poissons, et la ville de Niort se glorifie moins de la naissance de Mme de Maintenon que de ses carpes en angélique massive, suaves poissons d'avril, aux écailles et aux nageoires d'émeraude, pailletées de sucre candi, et dont les plus beaux spécimens rivalisent de grosseur avec les carpes du bassin de Fontainebleau.

DIGITALE

La Digitale est une de nos plus belles plantes rustiques; elle se plaît dans les terrains secs et montueux, se dresse fièrement au creux des rochers ou sur la lisière des forêts profondes et solitaires; elle semble fuir l'homme et éviter la promiscuité avec les autres végétaux. Sa tige, droite et élevée, porte de belles feuilles oblongues, crénelées et cotonneuses en dessous, et se couronne de fleurs disposées en longues grappes et dont la corolle renflée s'ouvre en un limbe découpé de quatre lobes inégaux et, lorsqu'elle se ferme, ressemble à une gueule. Extérieurement, elle se colore d'un beau rouge purpurin ; à l'intérieur, parsemée de poils, elle est d'un rose qui va pâlissant, piqueté de points rouges bordés de blanc qu'avec une assez forte dose de prévention on a comparés aux mouchetures des félins. Le peuple trouve à cette fleur une autre ressemblance; pour lui, elle représente un doigt de gant, elle est le *Gantelet*, le *Doigt de la Vierge*, le *Doigtier*, mot qui, du reste, n'est que la traduction du nom d'origine latine : Digitale.

André Chénier, dans son hymne à la France, se laisse un peu égarer par l'enthousiasme lorsqu'il décerne ce brevet d'innocuité à toute notre flore :

> Tes arbres innocents n'ont point d'ombres mortelles,
> Ni des poisons épars dans tes herbes nouvelles
> Ne trompent une main crédule...

Il serait très imprudent de se fier à la Digitale et les animaux ont la sagesse de l'éviter soigneusement. Trois de nos plus belles fleurs indigènes, sans parler des autres, distillent des poisons redoutables; l'Aconit, si terrible entre les mains des marâtres antiques, la Belladone, dont on extrait l'atropine au nom sinistre (Atropos était la Parque chargée de trancher le fil de nos jours), la Digitale, dont le suc glace le cœur.

Mais si, imprudemment ou criminellement employée, elle donne la mort, elle est le meilleur spécifique contre les affections du cœur. C'est sans doute

LA DIGITALE

elle qu'Auguste Vacquerie désigne, sans la nommer, dans la pièce de vers qu'il a intitulée : Le Brin d'herbe. Un bel enfant joue sur le gazon ; fort et superbe, on lui promet cent ans de vie, mais il cueille une fleur, la met entre ses dents et le voilà soudain blême, livide, agonisant ; à peine sa mère a-t-elle le temps d'accourir à son appel pour recevoir son dernier soupir. Un autre enfant, du même âge, n'a que le souffle ; blême, livide, demain sans doute, on le mettra dans la terre ; mais le médecin verse goutte à goutte sur les lèvres du moribond la liqueur extraite d'une plante et l'enfant ressuscite, et, peu après, devenu fort et superbe, il vivra cent ans. Et le suc qui a rouvert ses yeux est celui de l'herbe qui a tué l'autre. La mère de celui-ci accuse la nature ; la nature est innocente. Pour qui sait, « rien n'est poison, tout est remède. »

La même plante est, suivant
L'occurence,
Le meurtre ou la guérison,
Il n'existe qu'un poison :
L'ignorance.

LA RONCE

La Ronce vulgaire appartient à la famille des Rosacées et au genre Rubus, où elle forme une espèce très variée, proche parente du framboisier. Ses tiges, armées d'aiguillons crochus, se recourbent à leur extrémité, qui se termine par un bouquet de fleurs blanches ou rosées. Son fruit luisant, d'un violet presque noir, s'appelle improprement mûre, à cause de sa ressemblance avec la mûre du mûrier; le nom de framboise serait plus juste; il est l'assemblage de baies reposant sur une petite tête blanche et pointue, qui reste attachée à la branche lorsqu'on cueille le fruit.

Un fabuliste a vu dans la Ronce l'emblème du méchant; au saule, qui lui demande quel est son profit quand elle s'accroche aux passants : « il est nul, répond-elle, je ne veux que les déchirer. » Pure calomnie ; la ronce, placée autour du champ pour le garder, fait son métier lorsqu'elle s'arme contre le troupeau de ses épines et de son rude feuillage ; les quelques brins de laine qu'elle prélève sur la toison des brebis sont destinés à rendre les nids plus chauds et plus moelleux ; à l'oiseau lui-même, la haie offre l'asile où il élève sa couvée, le poste d'où il s'élance à la poursuite des insectes parasites.

L'âne, prétendaient les anciens, s'est fait un ennemi mortel de la linotte, parce que, seul des quadrupèdes, possédant un palais à l'épreuve de la Ronce et de ses piquants, il vient la brouter avec des braiements joyeux ; éperdue, la linotte jette ses œufs à terre ou bien ses petits, déjà éclos, meurent d'effroi. Mais, à son tour, l'oiseau vindicatif se précipite sur l'échine du baudet et, furieux, en becquette les écorchures.

L'agriculteur qui dégarnit ses champs de leur bordure impénétrable, bariolée de mille nuances, éblouissante de fleurs au printemps, de fruits à l'automne, pleine de chants dès l'aurore et, la nuit venue, étoilée de vers luisants, fait un mauvais calcul ; s'il gagne quelques mètres de terrain, sa moisson,

LA RONCE

mal défendue, sera moins abondante et moins belle : les oiseaux n'étant plus là pour protéger le champ, les insectes y pullulent et multiplient leurs ravages. Ce propriétaire avide est, de plus, maudit par le promeneur condamné à marcher entre deux lignes de ronces artificielles sur la route nue et monotone. Et l'enfant, n'a-t-il pas des droits aussi vieux que le monde sur la mûre des Ronces? Excellente à consommer sur place, elle lui fait paraître bien court le chemin des écoliers; elle n'est pas moins bonne l'hiver en confitures; le sirop de mûres et même la décoction de feuilles de ronce sont un spécifique recommandé pour les maux de gorge. L'enfant des villes a même le malheur de ne les connaître guère que sous cette forme peu attrayante.

LE BOUILLON BLANC

« Bouillon ! Comment une jeune fille peut-elle prononcer ce mot-là ! » s'écrie, dans le proverbe de Musset, ce mauvais sujet de Valentin, à qui l'aimable Cécile est venue ingénuement proposer un appétissant consommé. Quoique le mot, pas plus que la chose, n'ait rien de déplaisant, le Bouillon blanc peut se présenter aux ennemis du pot-au-feu familial sous le doux nom de *Molène*, à moins qu'ils ne préfèrent l'entendre appeler dévotement *Cierge de Notre-Dame*, ou *Bâton de la Vierge*. Pour les botanistes, il est le Verbascum, chef de la famille des Verbascées. Il n'en reste pas moins un végétal des moins raffinés, d'humeur à se plaire dans les coins les plus suspects, à loger moelleusement et à nourrir grassement toute la vermine des insectes parasites.

Cependant, pour l'observateur impartial, il n'est nullement disgracié du côté des avantages extérieurs; haut d'un à deux mètres, il dresse avec hardiesse des feuilles amples, bien découpées, d'un beau vert argenté, épaissement étoffées et donnant au toucher l'impression du feutre. De son pied s'élance une longue quenouille que garnissent par centaines des fleurs d'un jaune soufré, aux étamines disposées en étoile autour de pistils tachetés de points noirs à leur sommet.

Le Bouillon blanc était tenu en haute estime par les Esculapes de l'antiquité ; il ne lui reste plus guère que la confiance des bonnes femmes, qui l'appellent familièrement le bonhomme. Ont-elles tort ou raison d'admettre qu'un rhume débutant ou un léger malaise ne puisse résister à une infusion de ses fleurs, préparée avec une tendre sollicitude et présentée avec de douces paroles? Qui sait? N'enlevons pas aux simples d'esprit et de cœur leur foi dans les simples, quand même ceux-ci n'auraient d'autre efficacité que de soutenir le moral du malade en attendant que la nature opère la guérison.

Et puis, conservons leur clientèle à ces vieilles herboristeries où, dans un demi-jour mystérieux,

LE BOUILLON BLANC

16

au sein d'une atmosphère aromatique, les fleurs mortes dorment leur dernier sommeil et achèvent d'exhaler ce parfum qui fut leur âme. C'est pour elles une sorte de dépôt funéraire. George Sand comparait bien son herbier à un reliquaire et le feuilletait pour raviver de chers souvenirs, réveiller en elle la vision de lointains paysages, évoquer l'image d'amis disparus.

TABLE

TOURS
IMPRIMERIE DESLIS FRÈRES
RUE GAMBETTA, 6

www.ingramcontent.com/pod-product-compliance
Ingram Content Group UK Ltd.
Pitfield, Milton Keynes, MK11 3LW, UK
UKHW020235220726
13923UKWH00002B/652

9 782019 301255